BEI GRIN MACHT SICH IHR WISSEN BEZAHLT

- Wir veröffentlichen Ihre Hausarbeit,
  Bachelor- und Masterarbeit

- Ihr eigenes eBook und Buch -
  weltweit in allen wichtigen Shops

- Verdienen Sie an jedem Verkauf

Jetzt bei www.GRIN.com hochladen
und kostenlos publizieren

GRIN ☺

Alexander Schmidt

Die Ostsee - Entstehung, anthropogene und klimabedingte Einflüsse

GRIN Verlag

Bibliografische Information der Deutschen Nationalbibliothek:

Die Deutsche Bibliothek verzeichnet diese Publikation in der Deutschen National-
bibliografie; detaillierte bibliografische Daten sind im Internet über http://dnb.d-
nb.de/ abrufbar.

Impressum:

Copyright © 2006 GRIN Verlag GmbH
Druck und Bindung: Books on Demand GmbH, Norderstedt Germany
ISBN: 978-3-638-77379-9

Dieses Buch bei GRIN:

http://www.grin.com/de/e-book/64841/die-ostsee-entstehung-anthropogene-und-
klimabedingte-einfluesse

GRIN - Your knowledge has value

Der GRIN Verlag publiziert seit 1998 wissenschaftliche Arbeiten von Studenten, Hochschullehrern und anderen Akademikern als eBook und gedrucktes Buch. Die Verlagswebsite www.grin.com ist die ideale Plattform zur Veröffentlichung von Hausarbeiten, Abschlussarbeiten, wissenschaftlichen Aufsätzen, Dissertationen und Fachbüchern.

Besuchen Sie uns im Internet:

http://www.grin.com/

http://www.facebook.com/grincom

http://www.twitter.com/grin_com

Die Ostsee

Die Entstehung, Anthropogene und

klimabedingte Einflüsse

Seminar   : HS Fachdidaktik

Vorgelegt von : Alexander Schmidt (LA Gymn. Sport/ Geographie)

Vorgelegt am : 30.11.2006

Inhaltsverzeichnis

<u>Vorbemerkung</u>

Diese Arbeit behandelt die Ostsee in ihrer Entstehungsgeschichte, ihre Besonderheiten und Charakteristika sowie ihre heutigen anthropogenen und natürlichen Einflüsse. Zunächst werde ich auf die geologische Entstehung des Ostseeraums näher eingehen, bevor ich mich den essenziellen Entstehungsphasen, beginnend ca. 13 000 Jahre vor unserer Zeit, widme. Im Anschluss daran gebe ich Aufschluss über anthropogene und natürliche Einflüsse, skizziere den Status quo der Ostsee, gebe Ausblicke und versuche Maßnahmen zur nachhaltigen Nutzung der Ostsee und ihrer Küstenlandschaft darzustellen.

Die Ostsee. Bei diesem Stichwort kommen uns zumeist Gedanken wie beispielsweise unberührte Natur, Fischreichtum, Strand, Sonne und nicht zuletzt Urlaubsgedanken in den Sinn. Doch trügt der Schein? Ist es wirklich noch gut um das größte Brackwassermeer der Erde bestellt? Und wenn ja, wie lange noch? Obgleich wir Menschen wissen, dass sich die, der Ostsee umgebenden, hoch industrialisierten Staaten wie Deutschland, Dänemark oder Schweden das Meer durch diverse Nutzungsmöglichkeiten intensiv zu nutzen machen. Solange es das Individuum nicht direkt beeinflusst, neigt es automatisch dazu, sich essenzielleren Problemen zu widmen. Doch das einst intakte Ökosystem Ostsee ist durch viele, vom Menschen verursachende, Faktoren im Laufe der Jahre stark beschädigt worden. Ungerührt und teilweise unwissend von den Folgen zerstörte man durch die zunehmende Industrialisierung der letzten Jahre und deren Abfälle die Umwelt in einem solchen Maße, dass ein sofortiges Eindämmen der Umweltbelastungen von Nöten wäre, um weitreichende Schäden für das einzigartige Ökosystem zu verhindern. Heute wissen wir, dass die Meere eine allgemein hohe Bedeutung für den ökologischen Kreislauf der Erde haben. Die Bedeutung für den Wasserhaushalt und Wärmehaushalt sowie den globalen Kohlenstoffdioxidkreislauf, aber auch die Bedeutung für den Menschen stehen hierbei wohl an vorderster Stelle. Um langfristig und nachhaltig die Ostsee nutzen zu können, bedarf es einem Umdenken in den Köpfen derjenigen, die bis heute verantwortungslos der Ostsee gegenüber getreten sind.

1. Die Entstehung der Ostsee sowie deren geologische Besonderheit

Betrachtet man die Ostsee in jeglicher Hinsicht, so stellt sie ein relativ junges Meer dar. Die Entstehungsphasen der Ostsee, welche im weiteren Verlauf dieser Arbeit von mir noch kurz beleuchtet werde, beginnen vor ca. 13 000 Jahren. Verglichen mit der Nordsee, welche rund 300 Mio. Jahre alt ist, ist die Ostsee eine durchaus junge und zudem auch geschichtlich weniger bedeutende geologische Erscheinung (vgl.: Froese, W., 2002).

Gründe für das junge Alter der Ostsee ergeben sich aus den frühen Stadien der Erdgeschichte, welche wichtige Einflüsse für die spätere Entwicklung der Ostsee darstellen. Der Ostseeraum hatte während der Kreidezeit bzw. des Trias' immer wiederkehrende marine Flutungen, doch bestand wie heute noch keine Trennung zwischen Nordsee und Ostsee. Initial dieser Isolierung waren die Gletscher der Elster- und vor allem der Saalekaltzeit (ca. 125 000 a vor heute), die mit der Entstehung von Jütland sowie der schleswig-holsteinischen Geest einen Keil zwischen beide heute bestehenden Meere trieb (vgl.: Liedtke & Marcinek, 2002).

Die Fläche der heutigen Ostsee erstreckt sich über 412.000 km^2 bei einem Volumen von 21.700 km^3 (Liedtke & Marcinek, 2002). Die maximale Tiefe von 462 m (Landsorttief) steht der mittleren Tiefe von 52 m gegenüber, was morphologische Besonderheiten erkennen lässt auf die ich im folgenden zu sprechen komme (vgl.: Liedtke & Marcinek, 2002).

Insgesamt gesehen ist die Ostsee ein verhältnismäßig flaches Meer und erstreckt sich über eine Nord-Süd-Ausdehnung von ca. 1300 km sowie von West nach Ost noch über ca. 1000 km (vgl.: Liedtke & Marcinek, 2002). Zwei kontinentale Krustenteile trennen die Ostsee morphologisch gesehen voneinander. Einerseits existiert die im Südwesten liegende, jüngere und instabile westeuropäische Plattform, zum anderen die im Norden, Osten und Südosten liegende ältere bzw. präkambrische stabile Osteuropäische Platte. Teil dieser Plattform ist der Baltische Schild, welcher explizit erwähnt werden muss, da er den tieferen geologischen Untergrund im mittleren und nördlichen Ostseegebiet bildet und infolge dessen an sehr mächtige und intensiv gestörte Sedimentkomplexe des nördlichen Mitteleuropas grenzt. Die geologische Entwicklung des Ostseeraums bis zum Tertiär vollzog sich basierend auf mächtigen Plattenverschiebungen im Altpaläozoikum. Die uns bekannten Urkontinente Gondwana und Baltica kollidierten miteinander, wodurch der zwischen beiden Kontinentalplatten befindliche Urozean, Tornquistozean, geschlossen wurde (siehe Abb.1). Als Folge dessen, kam es während der kaledonischen Gebirgsbildung im Altpaläozoikumzu, einer gewaltigen Gesteinsaufschiebung aus dem Baltischen Schild.

Abb. 1: geologische Übersichtskarte – Europa, Quelle: Diercke-Weltatlas (2002), S. 115

Im weiteren Verlauf der erdgeschichtlichen Entwicklung zerbrochen die Gesteinsformationen und es bildete sich eine tiefgreifende Störungszone heraus. Parallelverlaufend und in den Zeitraum des Jungpaläozoikums einzuordnen, folgte ein Komplex von Bruchstörungen, welcher in nord-westlicher Richtung ausgeprägt war. Resultat dieser gewaltigen Brüche war die Tornquistzone, benannt nach dem nicht mehr vorhandenen Urozean, während des Mesozoikums. Nachvollzogen kann die Ausdehnung dieser Störungszone anhand der weiten Ausläufer angefangen auf Nordjütland über den Kattegat, Schonen und Bornholm bis in das nordöstliche Gebiet der Insel Rügen. Einer Versetzung unterlegen, verläuft die Kilometerbreite Zone weiter in südöstlicher Richtung bis zu den Sudeten und deren Ausläufern, bis ans schwarze Meer reichend. Die Tornquistzone kreuzend, aus nordnordöstlicher kommend und in südsüdwestlicher Richtung verlaufend, erstreckt sich eine weitere Störzone. Diese, hauptsächlich während des Tertiärs, entstandene Bruchzone, die Zeugnis der jüngsten Gebirgsbildung in Europa ist (Alpidische Gebirgsbildung), wird durch die im Quatär auftretenden jüngeren Krustenbewegungen abgelöst. Während des Pleistozäns begann sich das Weichseleis, in den Hochebenen des heutigen Schweden und Norwegen, auszubreiten. Der bereits geologisch-tektonische geprägte Untergrund hatte zur Folge, dass das aus Norden vorrückende Eis durch die Strukturen weitgehend in seiner weiteren Dynamik beeinflusst wurde (vgl.: Liedtke, 1992). Der Beginn der Vergletscherung setzte mit dem Beginn des Quatärs ein und fand ihren Höhepunkt mit dem Ende dieses Zeitalters. Ein folgenreicher Vorgang für die noch heute anhaltende Umwandlung ist eine Folge der Druckentlastung basierend auf dem fortwährenden Abschmelzen des skandinavischen Inlandeises. Dies hatte zur Auswirkung, dass es zu isostatischen Ausgleichsbewegungen (Senkung des südlichen Ostseeraumes, Hebung Skandinaviens) kam.

Die vor ca. 13.000 Jahren einsetzende Entwicklungsgeschichte der Ostsee kann in fünf Phasen gegliedert werden. Die Bildung des Baltischen Eissee, welcher durch das Abtauen des Weichseleises entstanden ist, hatte zur Folge, dass aufgrund keines vorhandenen natürlichen Abfluss', die Süßwassermassen des Gletschereises aufgestaut wurden. Eine Senkung des Wasserspiegels erfolgte erst infolge der Flutung der Mittelschwedischen Senke auf das damalige Meeresspiegelniveau von 25-30 m (vgl.: Lambeck, 1999).

Baltischer Eisstausee

Abb. 1: Baltischer Eisstausee (Quelle: Liedtke & Marcinek 2002)

Durch diese geschaffene Anbindung zum salzhaltigen Weltmeer, kam es zum Austausch von Süß- und Salwasser. Diese Phase der Entstehung der Ostsee wird als Yoldia Phase bezeichnet, benannt nach der dickschaligen Islandmuschel Yoldia arctica, und dauerte bis ca. 9500 Jahre vor unserer Zeit (vgl.: Reinicke, R., 2003). Die andauernden isostatischen Ausgleichsbewegungen des Baltischen Schildes trugen jedoch wiederum dazu bei, dass sich die bestehende Verbindung zum Meer bald wieder schloss und die Folge eine erneute Aussüßung war. Das Meer wurde durch die Trockenlegung der Mittelschwedischen Senke daraufhin wieder zum See, welches den Namen Ancylus-See trägt (abstammend von der charakteristischen Süßwasserschnecke Ancylus fluviatilis) (vgl.: Froese, 2005). Diese Phase dauert ca. 1000 Jahre an, und prägte den Zeitraum zwischen 9000 und 8000 Jahren vor unserer Zeit.

Ancylussee

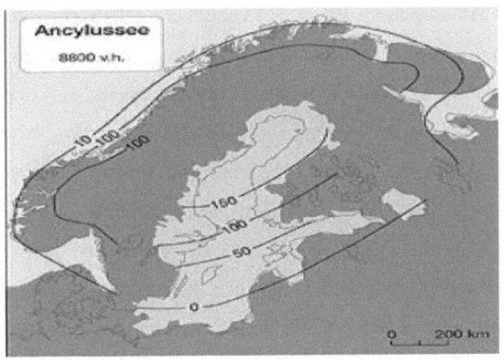

Abb. 2: Ancylussee (Quelle: Liedtke & Marcinek 2002)

Aufgrund weiterer Transgressionen kam es in Folge der Zeit immer wieder zum Absenken und Aufstauen des Wassers. So kam es ca. vor 9000 Jahren zu einem Abfluss über den Kattegat. Das Nordseewasser Belte und Sund wurde geflutet. Innerhalb von 500 Jahren senkte sich der Meeressspiegel um ca. 10 m und stellt somit, verglichen mit den Senkungen anderer Phasen, eine relativ rasche Herabsetzung des Meeresspiegels dar. Die zweite Phase des Ancylus-Sees dauerte bis ca. 8000 Jahre vor unserer Zeit an und charakterisiert, bedingt durch global eustatische Prozesse, einen schnellen Anstieg des Meeresspiegels. Der See wurde wieder zum Meer – Litorina-Meer.

Die nun folgende Litoria-Transgression veränderte in zunehmenden Maße die Küstenlinie und führte zu einem Meeresspiegelanstieg von 15 m. Das Wasser erlangte zu diesem Zeitpunkt einen salzig-brackigen Zustand, was durch das Einströmen des von Westen kommenden Nordseewassers erreicht wurde. Dessen Leitform war die Schnecke Littorina litorea, von der die benannte Phase ihren Namen trägt (vgl.: Rheinheimer, 1995). Weil Öresund und Belt damals sehr viel tiefer waren als heute und damit mehr Meerwasser in die Ostsee strömen konnte, lag auch der Salzgehalt des damaligen Meeres sehr viel höher. Man schätzt ihn vor der östlichen Küste Mittelschwedens auf 1,6 % gegenübr 0,5 % heutzutage (vgl.: Froese, 2005).

Der Zugang des Litoria-Meer zum offenen Meer veränderte seine Strukturen im Laufe der nächsten Jahrtausende zwar zeitweilig, dennoch kam es zu einer dauerhaften Vermischung beider Meere, bis heute. Diese Phase dauerte bis ca. 2000 Jahre vor heute an.

Die darauffolgende Entwicklung wurde von zwei gegenläufigen Prozessen bestimmt. Zum einen kam es zum Abschmelzen der in den Gletschern gebundenen Wassermassen infolge einer globalen Klimaerwärmung, was zeitgleich zum Anstieg des Grundwasserspiegels führte. Isostatische Bewegungen Skandinaviens hatten zur Konsequenz, dass es einerseits im Norden zu einer Anhebung oder Regression, im Süden zu einer Absenkung bzw. Transgression der Landmassen kam. „Alle diese Entwicklungstendenzen kehrten sich um, als bei allmählich abnehmendem Anstieg des Meeresspiegels die andauernde Landhebung wieder das Übergewicht erhielt" (vgl.: Froese, 2005). Die Schwellen und Senken relativierten sich zunehmend, der Salzgehalt ging zurück und das Klima wurde wieder stärker kontinental geprägt. Diese Phase geht zurück auf die Süßwasserschnecke Lymnaea und wird aufgrund dessen als Lymnaea-Meer bezeichnet. Die letzte, in Moment befindlichen Phase der Ostseeentwicklung ist das heutige Brackwassermeer, Mya-Meer. Es erhielt seinen Namen nach den größten in der Ostsee lebenden Muscheln – der Sandklaffmuschel Mya arenaria.

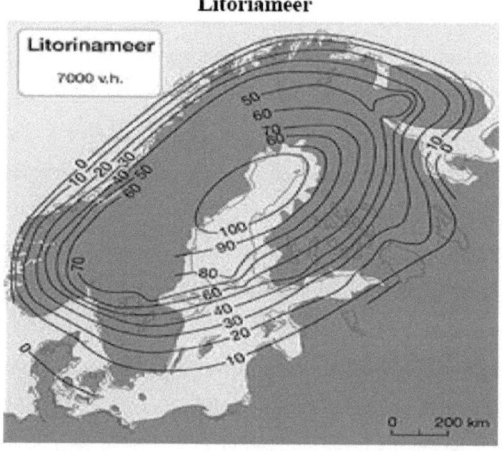

Litoriameer

Abb. 3: Litorinameer (Quelle: Liedtke & Marcinek 2002)

2. Der schwindende Salzgehalt der Ostsee und deren Folgen

Trotz der heutigen, wenn auch schmalen Anbindung der Ostsee an den Atlantik ist der Wassermassenaustausch dermaßen stark eingeschränkt, dass dieses Nebenmeer das mit Abstand größte Brackwasserreservoir der Erde darstellt, was bedeutet, dass sie einen sehr geringen Teil Wassermasse mit den Weltmeeren tauscht. Hervorgerufen durch die spezielle Strukturierung der Ostsee, welche sich durch Becken und Schwellen auszeichnet, bedient sich die Ostsee überwiegend dem Frischwasser der umliegenden Flüsse. Durch das Flusswasser und die aufkommenden Niederschläge, bedingt durch das humide Klima, besitzt die Ostsee eine salzarme, spezifisch leichtere Oberflächenschicht, die von den salzhaltigen Tiefenschichten durch eine permanente, Temperaturbedingte Sprungschicht weitgehend getrennt ist. Somit findet kein vertikaler Wassermassenaustausch statt. Lebensformen die auf den salzhaltigen Wasseraustausch mit der Nordsee angewiesen sind, sind wegen der bereits angesprochenen Senken und Schwellen stark beeinträchtigt. Allein die winterlichen Salzwassereinbrüchen, hervorgerufen durch starke langanhaltende Winterstürme, erreichen die Bodennahen Schichten der Becken und verursachen so eine Umschichtung der Wassermassen. Indes kommt es zu einer deutlichen Erhöhung des Salz- und Sauerstoffgehalts und damit zu Verbesserung der Lebensbedingungen für dort lebende Arten. Diese Salzwasserumwälzungen treten seit den 70er Jahren allerdings nicht mehr dieser Häufigkeit du Intensität auf, wie es von Nöten wäre um einen ausgeglichenen Salz- und Sauerstoffgehalt in der Ostsee zu erreichen (vgl.: Furmann, Dahlström, Hamari, 1998). Eine letzter größerer Austausch von Nord- und Ostseewasser geht in die 70er Jahre zurück, wobei in den letzten neun Jahren überhaupt kein Austausch mehr zu verzeichnen war (vgl.: Furmann, Dahlström, Hamari, 1998). Seitdem ist der Salzgehalt der Ostsee stark gesunken, was zur Folge hatte, dass Grundnahe Lebensformen ausgestorben sind und nahezu kein organisches Leben mehr am Ostseeboden zu finden ist.

Auch die zahlreichen Frischwasserzuflüsse des von zehn Staaten umgebenden Meeres wie etwa die Newa, Weichsel, Düna und Oder (vorwiegend Flüsse aus Schweden, Finnland und Deutschland), haben einen nicht unerheblichen Anteil am Zufluss von Süßwasser. Das hat zur Folge, dass sich der Salzgehalt von Westen nach Osten stetig reduziert. Besitzt die Kieler Bucht noch etwa einen Salzgehalt von 25-30 Promille, so erreicht die mittlere Ostsee nur noch ein Gehalt von ca. 10 Promille und sinkt weiter in Richtung Bottnischer Meerbusen. Verglichen mit der Nordsee, 35-40 Promille, erreicht die Ostsee somit einen relativ geringen Anteil an Natrium-Chlorid (NaCl) (vgl.: Microsoft Encarta Enzyklopädie Professional 2004).

Ein weiteres daraus resultierendes Phänomen beschreibt ein nach Osten und Norden hin ansteigender Meeresspiegel. Hier vollzieht sich eine leichte Neigung vom Innern der Ostsee hin zum Skagerrak was ebenfalls dazu führt, dass ein Austausch nur bedingt erfolgen kann.

3.   Natürlich bedingte und anthropogene Einflüsse der Ostsee

Die Ostsee ist eines der am stärksten verschmutzten Meere der Welt. Mit nur einer schmalen Verbindung zur Nordsee bzw. zum offenen Ozean, verfügt die Ostsee bereits rein geografisch über ein äußerst empfindliches Ökosystem mit einer, relativ zu anderen Meeren gesehen, geringen Artenvielfalt. Verglichen mit der Nordsee, welche ein Selbstreinigungsprozess von ein bis zwei Jahren benötigt, eröffnet sich der Ostsee eine Dauer von bis zu 60 Jahren (vgl.: Rheinheimer, 1995). Wie bereits o.g., ergeben sich nur gelegentlich Austauschprozesse durch heftige Stürme, welche frisches, salzhaltiges Wasser von der Nordsee in Richtung Ostsee drücken. Dort angekommen sammelt sich das Frischwasser in Becken und Senken. Das für viele organische Lebensformen wichtige Salzwasser kann dennoch nicht in den kompletten Umlauf gebracht, da sich Süßwasser aus Regengüssen, Flüssen etc. über die Frischwasserschicht in den Senken legt und so eine weitere Verbreitung verhindern. Durch diese stark ausgeprägte Schichtung wird der Sauerstoffaustausch zwischen Wasseroberfläche und Tiefe verhindert, was zur Folge hat, dass ein natürlicher Zersetzungsprozess von Algen und Plankton einsetzt. Damit gerät die Ostsee schon auf natürliche Weise in ein ökologisches Ungleichgewicht und es kommt automatisch zur Sauerstoffknappheit.

Doch nicht nur die eben skizzierten natürlichen Einflüsse haben ihre Wirkung auf das Ökosystem Ostsee. Es ist vor allem der Mensch, der den Großteil der Störfaktoren auslöst. Verkehr und Wirtschaft, die Fischerei, Verschmutzung in jeglicher Hinsicht, Off-Shore oder auch Eutrophierung sind nur einige wenige Beispiele die sich negativ auf diesen Naturraum auswirken. Ich werde nun im folgenden auf die einzelnen Nutzungsarten und deren Belastung zu sprechen kommen.

3.1 Wirtschaft, Verkehr und ihre Auswirkungen auf das Ökosystem Ostsee

Die Ostsee umfasst als Meeresgebiet ca. 415 000 km^2 und besitzt ein Einzugsgebiet von ca. 100 Mio. lebenden Menschen (vgl.: ikzm-d.de/seminare/pdf/MS_Ostseeregion_August.pdf). Davon leben rund 75 Mio. Menschen in Städten die das Angebot der relativ kurzen Handels- und Reiserouten anscheinend gerne in Anspruch nehmen. Laut der Baltic Chambers of Commerce Assiociation (BCCA) stehen dafür 73 Seehäfen zur Verfügung (vgl.: ikzm-d.de/seminare/pdf/MS_Ostseeregion_August.pdf). Verglichen mit anderen Meeren, haben die neun Anrainerstaaten damit gute politische und wirtschaftliche Rahmenbedingungen für eine große Wirtschaftsregion geschaffen. Gerade mit dem Zerfall der Sowjetunion begann zu Beginn der 90er Jahre ein regelrechter „Boom" des Ostseeraums (vgl.: ikzm-d.de/seminare/pdf/MS_Ostseeregion_August.pdf). Mit dem Ende des kalten Krieges sowie dem Fall des eisernen Vorhangs gelang es den meisten Ostseestaaten auf Basis der Marktwirtschaft zu kooperieren und Handel zu betreiben. Russland sendete ab 1999 positive Signale für ein unkomplizierteren Handel und Warenaustausch. Aber auch der Beitritt vieler Länder in die Europäische Union (EU) erleichterte die Zusammenarbeit zwischen bereits aufgenommenen und neu eingetretenen Staaten erheblich. Folgerichtig kam es aufgrund dessen zur drastischen Erhöhung von wirtschaftlichen Prozessen und deren Begleiterscheinungen wie Verkehr, der Bau neuer Häfen und Off-Shore-Anlagen, Pipelines oder auch Touristischen Einrichtungen. Ein Drittel aller europäischen Exporte gingen im Jahr 2000 auf Anrainerstaaten der Ostsee zurück (vgl.: ikzm-d.de/seminare/pdf/MS_Ostseeregion_August.pdf). Ca. 400 Tonnen Jahrestransport, das entspricht rund einem Viertel des Im- und Exports, der Ostseerainerstaaten werden über die Ostsee geschaffen – Anteilig am mengenmäßigen Weltseeverkehr sind dies 7 % (vgl.: ikzm-d.de/seminare/pdf/MS_Ostseeregion_August.pdf). Der gesteigerte Handel erfordert dementsprechende Maßnahmen zur Bewältigung des Gütertransports. An dieser Stelle sei der Ausbau des Containerhandels zu nennen der, gerade in den vergangenen Jahren, enorm dazu gewonnen hat und der zu den am schnellsten wachsenden Ostseetransporten gezählt werden kann (vgl.: ikzm-d.de/seminare/pdf/MS_Ostseeregion_August.pdf). Kleinere, unrentablere Transportschiffe unterliegen einem starken Konkurrenzdruck und so ist es nicht verwunderlich, das der Bau neuer, größerer Häfen als Folge dessen vollzogen wird. Hier sind vor allem die neu errichten Terminals und Häfen in Tallin, Kleipeda, Ventspils, Kaleningrad und Lomonossow zu nennen (vgl.: ikzm-d.de/seminare/pdf/MS_Ostseeregion_August.pdf).

Auch der touristische Verkehr hat in den vergangenen Jahren drastisch zugenommen. Speziell die Passagierschifffahrt ausgehend von den westlichen Ländern in die Transformationsländer, beispielsweise Litauen, Lettland oder Estland, stellt mit einem Passagieraufkommen von ca. 50 Mio. Reisenden mit 6 Mio. Fahrzeugen einen nicht unerheblichen Teil an der weiterhin und in Zukunft noch stark zunehmenden Verkehrslage auf der Ostsee dar.

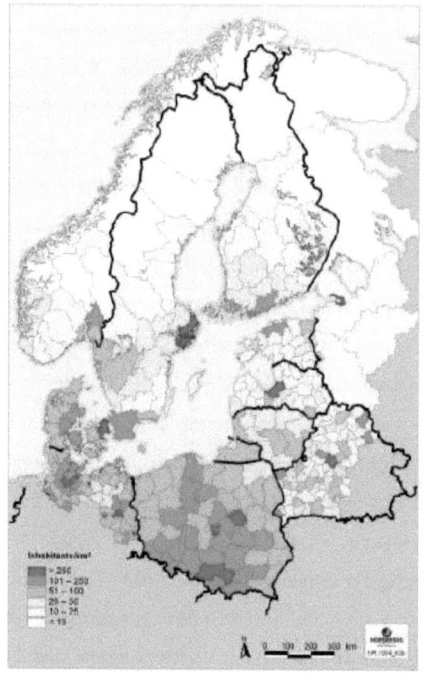

Bevölkerungsverteilung der Ostseeregion (Quelle: Europäische Kommission - INTERREG II C-Projekt "VASAB 2010 Plus", 2002)

Quelle: www.ikzm-d.de/seminare/pdf/MS_Ostseeregion_August.pdf)

Investitionen, Schaffung von Arbeitsplätzen, Wohlstand und Perspektiven stellen ökonomisch gesehen gute Rahmenbedingungen für eine positivere Zukunft dar. Dennoch bereiten diese auch immer wieder Probleme, da Naturräume in Mitleidenschaft gezogen werden und Umweltbelastungen signifikant zu Tage treten. Die schon erwähnte derzeitig hohe Verkehrsbelastung – und dichte auf der Ostsee wird auch in Zukunft steigen. Auch die Tatsache, dass die Ostsee ein schwer befahrbares Terrain für größere Frachter darstellt, erhöht das Risiko auf Zusammenstöße und Unfälle jeglicher Art die zum Sinken der Stahlkolosse führen.

Derzeit werden rund 12 % der gemessenen Meeresverschmutzungen auf Tanker zurückgeführt. Neben Öl/Ölprodukten, Chemikalien, Abfällen, Fäkalien und Antifoulingfarbe, ist vor allem Ballastwasser ein großer Streitpunkt der Internationalen Schifffahrtsorganisation (IMO) (vgl.: ikzm-d.de/seminare/pdf/MS_Ostseeregion_August.pdf). Mit dem Ablass von Ballastwasser in die Ostsee werden zahlreiche Pflanzen- und Tierarten aus entfernten, unbekannten Gewässern mit in die Ostsee geschleppt. Eine mögliche Folge beschreibt den potentiellen negativen Einfluss auf das Ökosystem Ostsee sowie wirtschaftliche Schäden. So verursachte beispielsweise der Schiffsbohrwurm an hölzernen Hafenanlagen seit 1995 einen Schaden in Höhe von 20 Mio. Euro (vgl.: ikzm-d.de/seminare/pdf/MS_Ostseeregion_August.pdf).

3.2   Verschmutzung, Eutrophierung, Off-Shore und der drohende Klimawandel

Gemäß der GESAMP (Group of Experts of Scientific Assesment of Marine Pollution) definiert das Wort Meeresverschmutzung „...das durch Menschen manipulierbare Einbringen von solchen Substanzen in den Lebensraum Meer, die die Existenz der lebenden Ressourcen gefährden, der menschlichen Gesundheit schaden, die Arbeiten auf See inklusive der Fischerei behindern und die touristischen Annehmlichkeiten reduzieren" (vgl.: Nausch, G., In: Ringvorlesung „Die Ostsee –unser Lebensraum", 1995).

Im Einzugsgebiet, der in die Ostsee einmündenden Flüsse, leben ca. 75 Mio. Menschen. Von ihnen gelangen Schadstoffe, abbaubare organische Substanzen und Nährsalze in die Ostsee (vgl.: Microsoft Encarta Enzyklopädie Professional 2004; Rheinheimer, G., 1996). Diese transportieren u.a. die für die Umwelt belastenden schädlichen Substanzen wie beispielsweise Ammoniak, Stickstoffoxide, Schwermetall und organische Schadstoffe in die Ostsee. Auch Substanzen aus der Massentierhaltung, Kraftwerken, Kraftfahrzeugmotoren und Industrien im Allgemeinen sind Bestandteil des in die Ostsee fließenden Wassers. Aufgrund des im Vergleich zur Nordsee niedrigen Salzgehalts, kommt es in der Ostsee zu einem Mischungsverhältnis von Süß- und Salzwasser von vier zu eins. Ergebnis ist eine verstärkte Belastung des Ostseewassers. Obwohl eine Gefährdung für den Menschen nicht von Bedeutung ist, ergibt sich dennoch ein erhöhter Belastungsgrad von Schadstoffen in organischen Lebewesen, wie z.B. Fischen. Will man die Schadstoffkonzentration im

Ostseefisch auf Nordseeniveau senken, so müssen deutlich strengere Maßnahmen im Einzugsgebiet der Ostsee erhoben werden (vgl.: Rheinheimer, G., 1996).

Die Besonderheiten bezüglich des begrenzten Wasseraustauschs mit der offenen See, auf die ich im vorangegangenen schon näher eingegangen bin, unterliegt die Ostsee in Bezug auf marine Umweltbelastungen in besonderem Maße der Eutrophierung. Sie stellt das Hauptproblem der anthropogenen Umweltbelastung der Ostsee dar (vgl.: Nausch, G., In: Ringvorlesung „Die Ostsee –unser Lebensraum", 1995). „Sie zählt zu den ältesten Wasserqualitätsproblemen, die durch den Menschen verursacht werden" (vgl.: Nausch, G., In: Ringvorlesung „Die Ostsee –unser Lebensraum", 1995). Der Begriff der Eutrophierung stammt aus der Limnologie (Seekunde) und beschreibt den „analogen Zustand zur natürlichen Seenalterung die Erhöhung und Versorgung von Gewässern mit Pflanzennährstoffen durch menschliche Aktivitäten in den Einzugsgebieten und die dadurch gesteigerte Produktion von Algen und höheren Wasserpflanzen" (vgl.: Eutrosym, 1976. In: Nausch, G., Ringvorlesung „Die Ostsee –unser Lebensraum", 1995). Es ist vor allem die fortschreitende Intensivierung der landwirtschaftlichen und industriellen Produktion sowie der wachsende Anfall von kommunalen Abwässern (vgl.: Nausch, G., In: Ringvorlesung „Die Ostsee –unser Lebensraum", 1995). Zwar gibt es nach *Nixon* einen weiteren Ansatz zur Charakterisierung des Begriffs Eutrophierung, dieser würde aber den Rahmen dieser Arbeit sprengen. Dennoch will ich kurz auf die eigentliche Ursache der Anreicherung von organischen Substanzen, wie sie auch *Nixon* (1995) beschreibt, eingehen.

Der für die Eutrophierung entscheidende Befund ist die Nährsalzkonzentration, welche durch die vom Menschen unbeabsichtigte Düngung mit Phosphor und Stickstoff verursacht wird. Dieser vorwiegend von Land eingeführte Eintrag gelangt primär über Flüsse in die Ostsee. Aber auch der direkte Zufluss von Phosphor (unmittelbares Produkt von Nährsalzen) in die Ostsee findet statt. Annahmen und Hochrechnungen zufolge, unternahm man den Versuch, den Zeitraum um die Jahrhundertwende, als der menschliche Einfluss noch vergleichsweise gering war, mit der Situation Mitte der 80er Jahre zu vergleichen. Die Kalkulationen belegen, dass sich die Phosphorbelastung in diesem Zeitraum verachtfacht hat, während die Stickstofflast um den Faktor vier zugenommen hat (vgl.: Nausch, G., In: Ringvorlesung „Die Ostsee –unser Lebensraum", 1995). Zusammenfassend ergaben die Ergebnisse eindeutig oligotrophe Bedingungen (Nähstoffmangel) um die Jahrhundertwende.

Die Auswirkungen der gesteigerten Nährsalzbelastung im Ökosystem Ostsee lassen sich anhand von Trends der Winterkonzentrationen in der Oberflächenschicht (0-10 m) belegen (vgl.: Nausch, G., In: Ringvorlesung „Die Ostsee –unser Lebensraum", 1995). Folge der gesteigerten anthropogenen Nährsalzzufuhr in die Ostsee ist eine gesteigerte biologische Aktivität. Der verstärkte Anfall organischer Substanz als Folge der Eutrophierung bedeutet ein mikrobieller Abbau. Soll heißen, es kommt zur Verschlechterung der Sauerstoffverhältnisse, zum vermehrten Auftreten von Schwefelwasserstoff, zur Ausdehnung anoxischer Zonen sowie zum Schwinden der benthischen Fauna.

Staaten mit einem hoch industriellen Entwicklungsstand, darunter auch Deutschland, werden vom Gedanken des Klimaschutzes bei der Nutzung von Windenergie geleitet, während andere Länder die mangelnde Energie der Auslöser für die Einbeziehung von Windenergie in das Energieversorgungskonzept einfügen. Doch erfüllt der Begriff „Klimaschutz" wirklich die notwendigen Bedürfnisse, die zur Nachhaltigkeit der Natur und ihren Ressourcen erforderlich sind, wenn es um die Frage geht ob Windkraftanlagen dazu beitragen?

In Deutschland ist die Einspeisung von Windenergie in das nationale Energieversorgungsnetz ohne große Hindernissen möglich. Da ist es nicht verwunderlich, das sich Deutschland um den Ausbau dieser bemüht. Anlagen in windreichen Gegenden prägen mittlerweile das landschaftliche Bild. Ob an Land, oder eben auch zu Wasser – Off-Shore-Anlagen gehören bereits seit geraumen Zeitraum zum Bild von Nord- und Ostsee. Und das, obwohl die Windenergie noch in den Kinderschuhen steckt.

Bereits beim Bau nehmen Windkraftanlagen einen erheblichen Einfluss auf die umliegenden Ökosysteme. Davon im Besonderen betroffen ist die Boden- und Pflanzenwelt am Meeresgrund. Im Allgemeinen beschränken sich die Randeffekte zwar auf einen kleinen Streifen von ca. 5-20 m um den Mast, dennoch kommt es während des Baus zu Auswirkungen auf das gesamte Bodengefüge. Durch die Befahrung mit schwerem Gerät kommt es zur Verdichtung des Bodens. Die Auswirkungen bewirken einerseits die Zerstörung der Vegetationsdecke durch Vernichtung und Überbauung auf dem Bauplatz selbst, zum anderen treten Veränderungen der Vegetation aufgrund der mechanischen Beschädigung auf. Durch Tritt und Nährstoffeintrag breiten sich somit ruderale Arten (Unkraut) vermehrt aus. Auch die auftretenden Schallwellen, welche sich unter Wasser in induzierte elektrische Magnetfelder umwandeln, können zur Desorientierung sowie zum Migrationsverhalten von Fischen und anderen marinen Säugetieren führen (vgl.: Fricke, R., 2000).

Doch nicht nur am Boden auftretende Schäden entstehen, auch die Gefahr für Vögel besteht infolge der riesigen Windsegel. Risiken die auftreten können sind in diesem Fall Kollisionen von Vogel und Windkraftanlage, was aber zum Glück nur selten der Fall ist. Zum anderen aber, werden beispielsweise Kursänderungen von Zugvögeln und eine Erhöhung der Flughöhe provoziert. Die erzwungene Zugrichtungs- und Höhenänderung kann sich negativ auf

Energiehaushalt auswirken und schafft zusätzliche Belastungen. Als dritten und letzten Punkt möchte ich den Verlust von Nahrungshabiaten sowie die allgemeine Störung der Rast ansprechen. Die entstehenden Geräusche der Rotorblätter besitzen eine Gewisse Scheuchwirkung und tragen so zum Abzug der Vögel bei. So auch Windkraftparks, welche inzwischen die Normalität auf Wasserflächen in Nord- und Ostsee darstellen, können als Barrieren für ökologisch zusammenhängende Einheiten fungieren.

Bereits seit Jahrzehnten streiten sich Wissenschaftler über den weltweitenweiten Klimawandel, dessen Folgen und den maßgeblichen Einfluss des Menschen als Verursacher vermeintlich folgerschwerer Katastrophen. Die Klimavorhersagen sind ihrer Meinung nach sehr komplex und beinhalten große Fehlerquellen. Eins ist jedoch gewiss, es wird sie geben. Die Aufgrund der globalen Erwärmung, hervorgerufen durch Treibhausgase und Kohlenstoffdioxidausstoß, anstehenden klimatischen Veränderungen haben unter anderem großen Einfluss auf die Meeresströme und Niederschlagsmengen. Explizit für die Ostsee sind Vorhersagen schwierig und noch ungenauer als für andere Regionen der nördlichen Halbkugel. Prognosen zufolge steigt die Temperatur bis zum Jahr 2010 um 1 Grad Celsius, bis zum Jahr 2100 um sogar 3-4 Grad Celsius (vgl.: Furman, Dahlström, Hamari, 1998). Einigen Statements der diesjährigen Weltklimakonferenz in Nairobi zufolge, erreicht die globale Durchschnittstemperatur, bei momentanen gleichbleibenden Verhältnissen, sogar ein Temperaturanstieg von bis zu 5,8 Grad Celsius. Reduziert sich der Kohlendioxidausstoß bis zum Jahr 2050 nicht um 50% und bis zum Jahr 2100 sogar um 90%, werden diese Hochrechnungen Realität. Es käme zu weitreichenden Folgen die noch gar nicht abzusehen sind. Unmittelbare Auswirkungen, welche bereits eingetreten sind bzw. in absehbarer Zeit auftreten, ist der beispielsweise die Abkühlung des Golfstroms. Sie würde auch eine Auskühlung der Ostsee bzw. ein Temperaturabfall im gesamten Ostseeraum bedeuten.

Zusammenfassung

Rückblickend auf diese Arbeit sei festzuhalten, dass neben vereinzelt angefügten Charakteristika der Ostsee im Laufe dieser Arbeit, die Eingliederung der Entstehungsgeschichte des Ostseeraums zum allgemeinen Verständnis in das Thema eingeführt hat. Beginnend mit der geologischen Entstehung der Ostsee, welche bereits seit der Kreidezeit durch marine Flutungen geprägt wurde, kam ich im Weiteren auf die eigentliche Genese zu sprechen, die sich hauptsächlich während der letzten Eiszeit vollzog. Die Nordsee als ein relativ, vergleichend zur Nordsee, junges Meer, entstand im Grunde im Laufe der letzten 13 000 Jahre. Während dieser Zeit, sowohl als auch und vor allem mehrere hundert Millionen Jahre zuvor, nahm sie dabei sehr vielfältige äußere Formen sowie innere Strukturen an. Das heute existierende Mya-Meer stellt den Status Quo der Entstehungsgeschichte der, sich ständig im Wandel befindlichen Ostsee, dar.

Der Hauptteil dieser Arbeit absorbierte die verschiedenen Teilelemente des Ökosystems Ostsee. Besonderes Augenmerk legte ich gleichfalls auf die anthropogenen Belastungs- und Nutzungsformen und deren Folgen indes ich folglich allgemein gehaltene Konzepte zum Schutz der Ostsee angesprochen habe.

Abschließend ist zu sagen, dass die Ostsee eines der ökologisch vielfältigsten Ökosysteme auf dem Planeten Erde darstellt. Dabei spielen die prägenden ökologischen Faktoren wie Beispielsweise der geringe Einfluss von Ozeanwasser, die jahreszeitlichen Klimaschwankungen und starke räumliche wie zeitliche Variationen des Salzgehaltes eine wesentliche Rolle. Die in den vergangenen Jahrzehnten intensiv zunehmende Nutzung und Belastung des Ostseeraums führte bereits zu nicht mehr reparablen Schäden am Lebensraum Ostsee. Es ist nun Aufgabe der Verantwortlichen (Minister, Wirtschaftsbossen, etc.), aber der an der Ostsee lebenden Menschen ein Zeichen zu setzen, dass auf ein gewissenhaftes Umgehen mit der Ostsee abzielt und andere zu gleichem animiert, nämlich der nachhaltigen Nutzung der Ostsee und dem Umweltschutz.

Literaturverzeichnis

Augustin, J. (2005).   *Das Seegangsklima der Ostsee zwischen 1958 und 2002 auf der Grundlage numerischer Daten.* Stuttgart: ibidem-Verlag.

Diercke, C. (2002).   *Diercke Weltatlas.* Braunschweig: Westermann Verlag.

Froese, W. (2002).   *Geschichte der Ostsee – Völker und Staaten am Baltischen Meer.* Gernsbach: Casimir Katz Verlag.

Furman et al. (1998). *Die Ostsee – Natur und Mensch.* Keuruu: Otava Verlag.

Hentzsch, Dr. B. (1995).   *Ringvorlesung Die Ostsee – unser Lebensraum.* Rostock: Institut für Ostseeforschung Warnemünde an der Universität Rostock.

Holzhüter, T. (1999).   *Management mariner Schutzgebiete im Ostseeraum.* Kiel: Geographisches Institut der Universität Kiel.

Küster, H. (2002).   *Die Ostsee – eine Natur- und Kulturgeschichte.* München: Verlag C.H. Beck.

Lemke, W. (1995).   *Die kurze und wechselvolle Entwicklungsgeschichte der Ostsee.* In: Ringvorlesung Die Ostsee – unser Lebensraum. Rostock: Institut für Ostseeforschung Warnemünde an der Universität Rostock.

Liedtke, H., Marcinek, J. (2002).   *Physische Geographie Deutschlands.* Gotha: Klett-Perthes Verlag.

Microsoft Encarta Enzyklopädie 2004 Professional

Reinicke, R. (2003).   *Küsten der Ostsee – Entdecken und Erleben.* Hamburg: DSV-Verlag.

Rheinheimer, G. (1995).   *Meereskunde der Ostsee.* Berlin , Heidelberg: Springer.

Schöner, A. C. (2001). *Alkenone in Ostseesedimenten, -schwebstoffen und –algen: Indikatoren für das Paläomilieu?* In: Meereswissenschaftliche Berichte Nr. 48. Warnemünde: Institut für Ostseeforschung Warnemünde.

Internetquellen:

BFN-Skript 29, Bundesamt für Naturschutz 2000, Hrsg. Merk, T., v. Nordheim, H., Technische Eingriffe in marine Lebensräume, Workshoptagung, S. 100-136; Fricke, R., Auswirkungen elektrischer und magnetischer Felder auf Fische in der Nordsee und Ostsee (Zugriff am 16.11.2006)

www.ikzm-d.de/seminare/pdf/MS_Ostseeregion_August.pdf (Zugriff am 16.11.2006)

Molly, J.P., Neumann, T., Ausbau der Windenergie im Hinblick auf den Klimaschutz, DEWI Institut, Offshore Kongress Berlin, Online Skript, Tagungsband Block 4 (Zugriff am 16.11.2006)

www.wikipedia.de (Zugriff am 20.11.2006)